계절을 즐기는
타르트

타르트 만들기의 모든 것

계절을 즐기는 타르트

구성희 지음

팜파스

INTRO

1960년대를 배경으로 한 외국 영화를 보면
종종 타르트가 나오는 장면을 만날 수 있어요.

호두나 피칸이 잔뜩 들어간 타르트나
달콤한 사과조림을 가득 올린 타르트.

방학을 맞아 놀러온 손자들을 위해 할머니께서 구워주시는 따끈한 타르트.
초대받은 집을 방문할 때 직접 만든 타르트를 손에 들고 총총히 걸어가는 장면.
영화 속에서의 타르트는 소소한 행복, 작은 정성을 뜻하는 음식으로 표현되는 경우가 많았어요.

영화 〈토스트〉에서는 아빠의 애정을 사이에 두고
새엄마와 아들이 요리대결을 하는 내용이 나와요.
그때 새엄마는 비장의 무기로 레몬머랭 타르트를 만들지요.
"이건 누가 먹어도 세상에서 가장 맛있는 레몬머랭이지.
넌 절대 이 레몬타르트를 만들 수 없을 거야"라는 얄미운 새엄마의 말에 발끈한 아들이
고군분투하며 레몬머랭 타르트를 만들던 장면.

거대하게 쌓여 있던 구름 같은 새하얀 머랭과 진한 노란 빛깔의 레몬크림.
주인공 나이젤이 넋을 잃고 바라보던 레몬타르트.

그때부터였던 것 같아요.
타르트가 궁금해지고 좋아졌던 것이.

지금도 저는 타르트를 만들면서
가끔 1960년대 영화의 한 장면 같은 기분을 느끼고는 한답니다.

밀가루가 소복이 내려앉은 주방.
여러 가지 베이킹 도구들이 정신없이 놓여 있는 테이블.
맛있는 냄새가 솔솔 풍겨져 나오는 오븐.
큰 오븐장갑을 끼고 타르트가 구워지기만을 기다리는 두근거리는 그 시간.

초대합니다.
맛있는 타르트가 구워지고 있는 달콤한 영화의 한 장면 속으로……

타르트란,

밀가루로 된 반죽에 여러 가지 재료를 올려 즐기는 디저트를 말합니다.
때로는 타르트지에 달콤한 크림을 담아 함께 굽기도 하고
먼저 구워놓은 타르트지 위에 가벼운 크림이나 과일을 올려 즐기기도 하지요.

접시 같은 모양을 하고 있는 달콤하고 바삭한 타르트지.
그래서 저는 타르트를 달콤한 과자 그릇이라고 생각해요.
타르트는 어떤 재료를 담아도 근사하게 완성되니까요.

바삭한 과자 그릇 위에 좋아하는 과일이나 크림을 듬뿍 올려주면
어느새 케이크보다도 멋지고 훌륭한 디저트로 변신한답니다.

계절을 즐기는 타르트

봄, 여름, 가을, 겨울. 우리나라에는 각각의 매력을 뽐내는 사계절이 있고
각 계절마다 신선한 과일과 견과류, 야채들을 만나볼 수 있어요.

자연이 선물해준 훌륭한 재료들로 달콤하고 근사한 타르트를 만들어보세요.

좋아하는 과일이나 재료를 듬뿍 올린 타르트를 만들며
봄이 오고, 낙엽이 지는.
계절이 지나가는 순간의 소소한 행복을 맛볼 수 있을 거예요.

이 책에서는 각 계절에 만날 수 있는 신선한 재료를 이용한 타르트와
그 계절의 분위기를 즐길 수 있는 재료로 만드는 타르트를 함께 소개하고 있습니다.

근사한 향내를 풍기는 과일을 고르는 시간.
쌉싸름한 초콜릿을 녹이는 시간.
조물조물 타르트 반죽을 만드는 그 시간.

달콤한 타르트 한 조각으로
이 계절, 매 순간 당신이 행복하기를 바랍니다.

CONTENTS

ONE

타르트 반죽 pate

TWO

크렘 creme & 제누와즈 genoise

크렘

제누와즈

THREE

계절을 즐기는 타르트 만들기

SPRING 봄

A
B
C
D
E
E
F
G
PERFECT PASTRY
TART
ZERO ON/OFF
MODE
Weight Milk Water

A **믹싱볼** 반죽을 계량하고 섞을 때 필요한 도구입니다. 다양한 사이즈를
준비해두면 베이킹할 때 편리하게 사용할 수 있어요.

B **타르트 틀** 타르트 반죽의 모양을 잡아주는 틀이에요.
베이킹 재료몰에서 다양한 사이즈와 모양의 틀이 판매되고 있으니 좋아하는
모양으로 타르트를 만들 수 있습니다. 타르트 틀을 준비하지 못했을 때에는
오븐 전용용기를 사용해 타르트를 만들 수도 있습니다.

책에서 사용된 타르트 틀의 사이즈

- 지름 9cm, 높이 2cm 둥근 타르트틀
- 지름 17cm, 높이 3.5cm 둥근 타르트틀
- 가로 11cm, 세로 6cm, 높이 2cm 직사각 타르트틀
- 가로 25cm, 세로 10cm, 높이 2.5cm 직사각 타르트틀

C **밀대** 반죽을 평평하고 넓게 밀어줄 때 사용해요. 반죽의 양에 따라 적당한
밀대의 길이나 두께를 선택해서 사용하면 됩니다.

D **스크래퍼** 볼에서 반죽을 깨끗하게 긁거나 재료를 자르고 섞을 때 사용해요. 반달
스크래퍼의 경우 둥근 면은 볼에서 반죽을 긁을 때, 평평한 면은 단단한 재료를
자를 때 사용할 수 있습니다.

E **거품기와 주걱** 거품을 내거나 재료가 고르게 혼합될 수 있도록 도와주는
도구예요.

F **누름돌** 반죽이 구워지면서 과하게 부풀어 오르는 것을 방지해줍니다.
누름돌이 없을 경우 콩이나 쌀을 누름돌 대신 사용할 수 있습니다.

G **저울** 재료의 무게를 정확하게 계량할 때 필요한 도구입니다.
정확한 무게를 재기 위해서는 평평한 곳에서 저울을 사용해야 합니다.

A **버터** 우유의 유지방을 모아 응고시킨 것으로 반드시 가공 마가린버터가 아닌 천연버터를 사용해야 맛있는 타르트를 맛볼 수 있습니다.

B **강력분** 뭉침이 적은 강력분은 타르트 반죽을 얇게 밀 때 반죽이 바닥에 들러붙지 않도록 뿌려주는 덧밀가루로 사용합니다.

C **박력분** 글루텐 함유량이 적은 박력분은 부드럽게 부서지는 타르트 반죽을 만들 때 사용합니다.

D **설탕** 반죽에 단맛을 주고 향을 내며 노릇한 맛있는 색을 내는 역할도 담당합니다.

E **소금** 약간의 소금은 짭조름한 맛과 함께 단맛의 밸런스를 잡아주는 역할을 합니다.

F **슈가파우더** 설탕을 곱게 갈아놓은 슈가파우더는 반죽에 빠르게 스며들어 수분이 적은 반죽에 사용하기 좋습니다.

G **아몬드가루** 아몬드를 분쇄한 분말로 고소한 맛을 살려주는 재료입니다.

H **달걀** 달걀은 다른 재료들과 합쳐져 반죽의 조직을 형성하는 역할을 담당합니다.

Tip **베이킹의 좋은 습관**

베이킹을 할 때 사용할 재료는 미리 계량해 준비하는 습관을 가지는 것이 좋아요. 말랑한 버터를 사용해야 할 경우와 단단한 상태의 차가운 버터를 사용해야 할 경우, 또는 실온의 달걀을 사용해서 작업을 할 때 미리 계량을 해놓는 습관을 들이면 재료의 온도가 최적인 상태에서 베이킹을 할 수 있습니다. 사용할 재료의 온도를 적절히 맞추는 것만으로도 베이킹의 절반은 성공한 거예요!

8"PIE
9"PIE
10"PIE

ONE

타르트 반죽

PÂTE

타르트 반죽pâte은 크게 담백한 맛의 파트 브리제, 달콤한 맛의 파트 쉬크레, 파이 식감의 파트 푀이타주로 나눌 수 있습니다. 이 책에서는 달콤한 과자지에 속하는 쉬트레 반죽과 결이 살아 있어 파삭파삭한 식감을 가지고 있는 푀이타주 반죽을 소개하고 있습니다. 각각의 반죽이 가진 맛과 식감을 이해하고 반죽과 어울리는 크림이나 좋아하는 과일을 올려주는 것만으로도 자신만의 멋진 타르트 레시피가 완성될 거예요.

파트 쉬크레 PÂTE SUCRÉE

쉬크레sucrée는 '달콤하다'라는 뜻의 프랑스어입니다. sucrée라는 단어가 뜻하는 것처럼
이 반죽은 설탕이 들어가 달콤한 맛을 가지고 있을 뿐만 아니라, 과자처럼 바삭한
식감을 가지고 있는 것이 특징입니다. 이러한 바삭한 식감을 표현하려면 반죽을 만들 때
글루텐의 형성을 최대한 억제하면서 작업해야 합니다.

파트 쉬크레는 부드러운 버터에 설탕을 섞어 달걀을 넣어 유화시킨 후 크레메crémer
밀가루를 넣어 섞는 방법으로 만들어집니다. 크림처럼 부드러운 버터에 설탕을 섞게
되면 달걀의 수분이 버터의 유지 속에 쉽게 녹아들게 되는데, 결과적으로 달걀의 수분이
유지에 코팅되는 효과가 일어나게 됩니다. 때문에 밀가루가 수분에 직접 접촉하지 못해
글루텐 형성이 억제되면서 바삭한 식감의 반죽이 만들어지는 것입니다.

또한 쉬크레는 반죽에 설탕이 들어가기 때문에 오븐에 구웠을 때 노릇하고 먹음직스러운
색상을 가지게 됩니다. 반죽 자체가 달콤하기 때문에 담백한 재료나 가벼운 크림, 과일과
함께 사용하기에 좋은 반죽입니다.

파트 푀이타주 PÂTE FEUILLETAGE

파트 푀이타주pâte feuilletage, 푀이테feuilletée라고도 불리는 이 반죽은 버터와 가루 반죽이
층을 이루도록 접어 만들어지는 바삭한 식감의 반죽입니다. 푀이타주라는 단어에서
푀이유feuille는 나뭇잎, 종잇장이라는 뜻을 가진 프랑스어로, 얇은 밀가루 층이 나뭇잎처럼
겹겹이 쌓여 있어 입에서 바스러지듯 부서지는 이 반죽의 식감을 표현한 말입니다.
흔히 푀이타주 반죽을 파이 반죽이라고 부르는데, 사실 파이라고 하는 것은 하나의 완성된
제품을 가리키는 말로서 푀이타주 반죽을 파이 반죽이라고 하는 것은 잘못된 표현입니다.
푀이타주는 반죽에 버터를 어떤 방식으로 섞느냐에 따라 제조법이 나뉠 수 있습니다.
밀가루, 물, 소금으로 가루 반죽 데트랑프détrempe을 만들어 버터를 감싼 후 길게 늘여
접기를 반복해 완성하는 전통적인 방법의 푀이타주 오르디네르feuilletage ordinaire와
유지로 가루 반죽을 감싼 후 길게 늘여 접기를 반복해 반죽을 완성하는 푀이타주
앵베르세feuilletage inversé, 잘라둔 버터와 밀가루, 물, 소금을 처음부터 함께 섞어 반죽하는
푀이타주 라피드feuilletage rapide로 나눌 수 있습니다.
푀이타주 라피드는 보통법에 속하는 푀이타주 오르디네르와 역제법에 속하는 푀이타주
앵베스세보다 결의 형성은 고르지 않으나 만드는 방법이 간단하고 짧은 시간 내에 완성할
수 있다는 장점이 있습니다. 이 책에서는 누구나 쉽게 푀이타주 반죽을 만들 수 있도록
푀이타주 라피드를 이용한 타르트 만들기를 소개하고 있습니다.

파트 쉬크레

PÂTE SUCRÉE

바삭한 식감과 달콤한 맛을 가지고 있는 파트 쉬크레 pâte sucrée는 어떤 크림이나 재료와도 잘 어울려 가장 인기 있고 대중적인 타르트지입니다.

설탕이 들어가 달콤한 맛을 가지고 있는 쉬크레 반죽은 입 안에 넣었을 때 바삭하게 부서지는 식감을 가지고 있습니다. 가볍게 부서지는 쉬크레 반죽을 완성하려면 버터와 달걀의 유화 과정이 중요합니다. 재료는 모두 실온상태로 준비해놓고 달걀을 넣었을 때 충분히 휘핑해 부드러운 상태로 유화시켜줍니다.

지름 17cm
높이 3.5cm
둥근 타르트틀
1개 분량

INGREDIENT

버터 63g, 슈가파우더 34g, 소금 약간, 달걀 15g, 노른자 5g, 박력분 100g, 아몬드가루 15g

HOW TO MAKE

1. 손으로 눌렀을 때 손가락이 들어갈 정도로 부드러운 상태의 버터를 준비해주세요.
2. 버터를 볼에 담고 휘퍼기를 이용해 부드럽게 휘핑해주세요.
3. 버터에 슈가파우더와 소금을 넣고 휘핑해 섞어주세요.
4. 설탕과 소금이 버터에 스며들어 부드러운 상태가 되면
5. 달걀과 노른자를 조금씩 넣으며 충분히 휘핑해 매끈하게 유화시켜주세요.
6. 체에 내린 박력분과 아몬드가루를 반죽에 넣고 주걱으로 가볍게 섞어줍니다.
7. 포슬포슬한 상태로 반죽이 섞였으면 반죽을 작업대로 옮겨 스크래퍼를 이용해 반죽을 짓이기듯이 조금씩 눌러 섞어줍니다.
8. 날가루가 없이 고르게 섞였는지를 확인하고 한 덩어리로 뭉쳐주세요.
9. 반죽을 비닐에 담아 냉장고에서 최소 2시간 이상 휴지시켜주세요반죽의 1차 휴지.

Tip 반죽을 스크래퍼로 짓이기는 과정은 반죽의 연결을 좋게 하고 모든 재료를 매끈하게 섞어준다는 데 의미가 있습니다. 이때 반죽을 너무 많이 만지게 되면 글루텐이 형성되어 오히려 무거운 식감의 반죽이 만들어질 수 있으니 주의하세요.
반죽을 한 덩어리로 완성한 후 1차 휴지하는 과정은 반죽 내의 수분이 이동하는 시간임과 동시에 반죽하는 과정 중 생성된 글루텐의 힘을 약하게 만드는 과정입니다. 때문에 수분의 이동이 용이한 냉장고에서 휴지하는 것이 좋으며, 최소 2시간에서 최대 12시간 정도 휴지시간을 여유롭게 주는 것이 좋습니다. 반죽을 너무 많이 치대거나 휴지시간을 충분히 가지지 못해 글루텐이 형성된 반죽은 굽는 도중 수축하는 현상이 생길 수 있습니다.

파트 푀이타주

PÂTE FEUILLETAGE

바스락거리는 나뭇잎이 겹겹이 쌓인 것과 같이 결이 살아 있는 파트 푀이타주는 입 안에 넣었을 때 바스러지듯 부서지는 식감과 고소하고 짭조름한 끝맛이 재미있는 타르트입니다.

파트 푀이타주의 바스러지듯 부서지는 결은 밀가루 사이사이 들어가 있는 버터가 공간을 형성하며 만들어지는 것이에요. 버터와 밀가루가 촘촘한 결을 형성할 수 있도록 3절 접기라는 과정을 3번 거쳐야 하는데, 작업 중 버터가 녹아 밀가루에 흡수되어버리면 결이 살아 있지 못한 반죽이 만들어질 수 있어요. 그렇기 때문에 반드시 차가운 버터를 사용하고 작업하는 동안 버터가 녹지 않도록 주의하며 작업하는 것이 좋은 반죽을 만드는 포인트랍니다.

10 길이가 긴 쪽을 기준으로 3절로 나누어 접어주세요3절 접기 1회 완성.

11 반죽을 90도 회전해 시접을 왼쪽이나 오른쪽으로 오도록 두고

12 반죽이 들러붙지 않도록 바닥에 덧밀가루를 뿌려가며 두께 3mm의 직사각형 모양으로
반죽을 밀어주세요.

13 길이가 긴 쪽을 기준으로 3절로 나누어 접어주세요3절 접기 2회 완성.

14 다시 반죽을 90도 회전해 시접을 왼쪽이나 오른쪽으로 오도록 두고

15 두께 3mm의 직사각형 모양으로 반죽을 밀어주세요.

16 길이가 긴 쪽을 기준으로 3절로 나누어 접어주세요3절 접기 3회 완성.

17 반죽을 밀대로 가볍게 눌러가며 정사각형으로 모양을 잡아주고

18 랩에 싸서 냉장고에 최소 2시간 이상 휴지시켜주세요반죽의 1차 휴지.

Tip 작업 중 버터가 질척해지면 중간중간 냉장고에 넣어가며 반죽을 차가운 상태로 만든 후 다시
작업하는 것이 좋습니다. 손으로 만지면 반죽이 금방 질척해질 수 있으니 최대한 손으로 만지는 것
을 자제하고 스크래퍼를 사용해 반죽을 다뤄주세요. 덧밀가루는 필요한 최소의 양만 사용하는 것
이 좋아요. 3절 접기를 할 때 반죽에 묻어 있는 덧밀가루의 양이 너무 많으면 붓으로 털어내며 작업
해주세요.

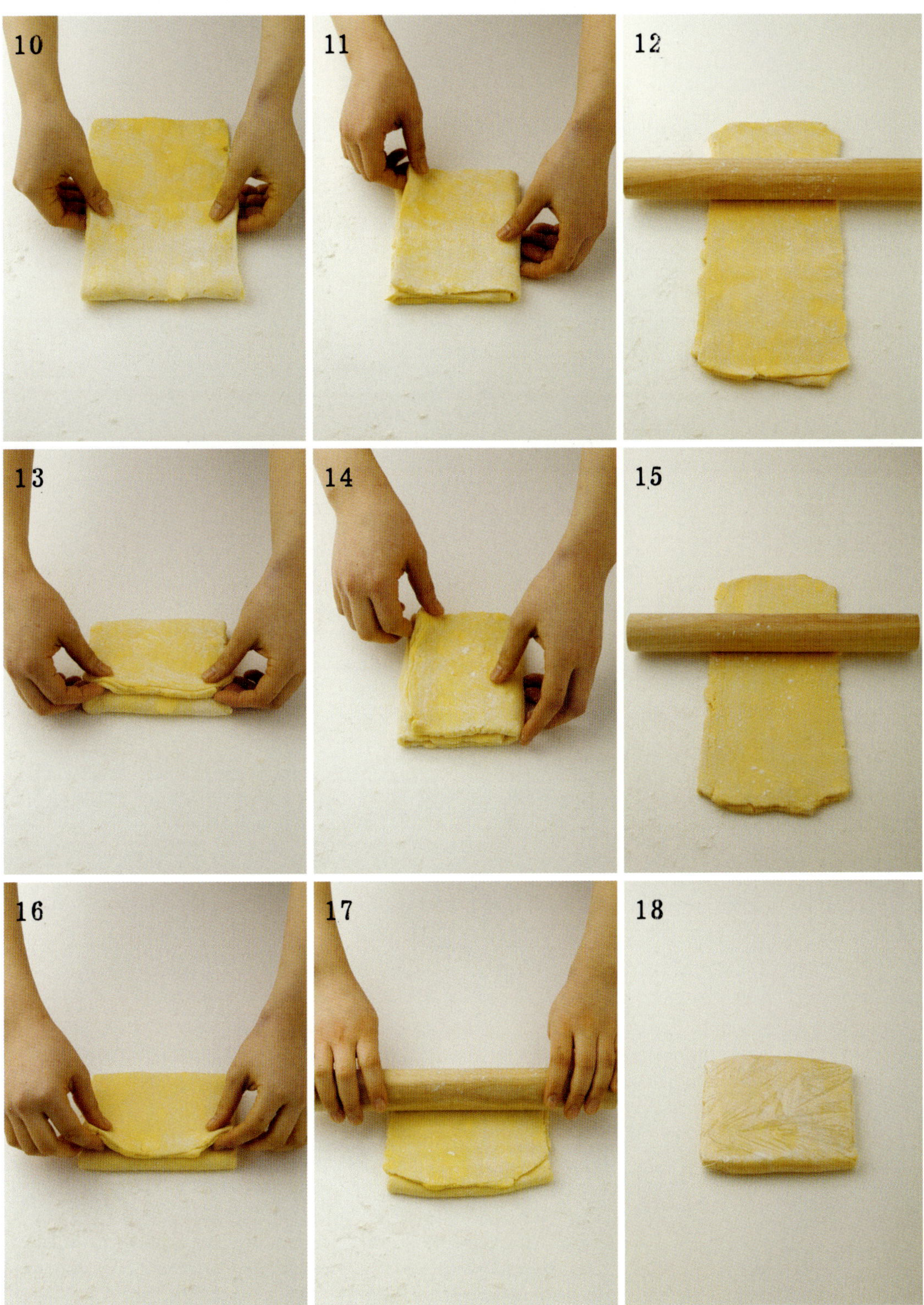

퐁세
FONCER

퐁세foncer는 틀에 반죽을 깔아준다는 뜻을 가진 프랑스어예
요. 타르트는 반죽을 만드는 과정도 중요하지만 일정한 두께
로 반죽을 밀어 재료를 담을 수 있는 튼튼한 타르트 바닥을 만
드는 과정 또한 무척 중요합니다.

HOW TO MAKE

1   휴지시킨 반죽을 밀대로 가볍게 두드려가며 밀기 좋은 상태로 부드럽게 만들어주세요.

2   바닥에 반죽이 들러붙지 않도록 덧밀가루를 얇게 뿌려가며 3mm 두께로 반죽을 고르게
    펴주세요.

3   밀대로 반죽을 말아 올려 타르트 틀 위에 올려주세요.

4   틀의 바닥과 옆면이 만나는 부분이 들뜨지 않도록 꼼꼼히 붙여준 후

5   손바닥으로 여분의 반죽을 잘라내주세요.

6   엄지로 옆면을 만져 반죽을 틀에 일정한 두께로 밀착시켜주고

7   여분의 반죽은 스크래퍼를 이용해 잘라줍니다.

8   잘라낸 단면을 양쪽 엄지손가락을 이용해 매끈하게 다듬어주세요.

9   포크로 바닥에 구멍을 내어준 후 냉동고에서 최소 1시간 이상 휴지시켜주세요반죽의 2차
    휴지.

Tip 반죽을 밀 때 반죽이 바닥에 들러붙지 않도록 사용하는 덧밀가루를 과하게 사용하게 되면 반
죽의 배합량이 달라질 수 있으니 필요한 만큼만 최소의 양을 사용하시는 것이 좋아요.
반죽을 만드는 과정이나 밀어 펴는 과정에서 마찰이 많아지면 글루텐이 형성될 수 있어요. 글루텐
이 형성되면 반죽의 바삭한 식감에 영향을 주기도 하고 오븐에 들어갔을 때 수축하는 현상이 생길
수 있으니 반죽을 완성한 후의 1차 휴지나 퐁세를 마친 반죽의 2차 휴지는 글루텐의 찰기가 없어질
때까지 충분한 휴지시간을 주는 것이 좋습니다.

<table>
<tr><td rowspan="2"># 굽기
CUISSON</td><td>쉬크레</td><td rowspan="2">누름돌
올리기</td><td>170℃</td><td rowspan="2">10~15분
테두리 색이 노릇
해지면 누름돌과
틀을 제거</td><td>170℃</td><td rowspan="2">10~15분
겉면과 바닥의
색이 고르게 나면
완성</td></tr>
<tr><td>푀이타주</td><td>200℃</td><td>200℃</td></tr>
</table>

타르트지 굽기의 기본

타르트 반죽을 구울 때에는 반죽이 과하게 부풀어 오르는 것을 방지하기 위해 누름돌을 올려 굽는 방법을 사용합니다. 퐁세한 타르트 반죽 위에 누름돌을 올려 굽는 1차 굽기와 누름돌과 틀을 제거하고 굽는 2차 굽기를 모두 마쳐야 타르트지에 색을 고르게 내며 구워낼 수 있습니다. 1차 굽기에서는 반죽이 부풀어 오르지 않도록 누름돌을 올려 굽고, 반죽의 테두리가 노릇하게 구워지면 누름돌과 틀을 제거해 바닥과 테두리 옆면의 색이 고르게 나도록 2차 굽기를 진행합니다.

HOW TO MAKE

1 퐁세 후 휴지를 마친 타르트 반죽 위에 유산지를 깔고 누름돌을 올려주세요.

2 테두리 색이 노릇한 상태로 구워지면 누름돌과 틀을 제거하고

3 전체적으로 색이 고르게 날 때까지 구워줍니다.

오랜 시간 구워야 하는 크림을 사용하는 경우

타르트를 만들 때 사용되는 크림 중에는 반드시 익혀서 먹어야 하는 크림이 있습니다. 이 책에서 사용한 크렘 다망드 '아몬드 크림'의 경우 오랜 시간 익혀야 하는 크림으로 퐁세한 타르트지에 크렘을 넣어 처음부터 함께 굽습니다.

HOW TO MAKE

4 퐁세 후 휴지를 마친 타르트 반죽 위에 크렘을 짜 올려주세요.

5 타르트지가 노릇하게 구워지고 크렘이 모두 익은 상태가 될 때까지 구워줍니다.

6 구워낸 타르트는 틀째로 완전히 식힌 후 틀을 제거해주세요.

수분이 많은 아빠레유를 사용하는 경우

수분이 많으면서 익혀 먹어야 하는 아빠레유를 사용할 경우에는 타르트지를 1차 구움 한 뒤 아빠레유를 넣어 구워줍니다. 그래야 아빠레유의 수분에 의해 타르트 반죽이 질척해지고 덜 익는 것을 방지할 수 있습니다. 이 책에서 사용한 아빠레유 오 프로마주가 이에 속합니다.

HOW TO MAKE

7 1차 구움 후 누름돌을 제거한 뜨거운 타르트지 바닥에 달걀물을 바른 후 30초 정도 구워줍니다 달걀물=전란20g+물20g.

8 식힌 타르트지에 아빠레유를 채워 넣어줍니다.

9 전체적으로 노릇한 색이 날 때까지 구워주세요. 구워낸 타르트는 틀째로 완전히 식힌 후 틀을 제거해주세요.

Tip 누름돌을 준비하지 못했다면 콩이나 쌀을 누름돌 대신 사용할 수 있어요. 타르트지를 구울 때 바닥 색에 비해 테두리 색이 너무 진하게 나는 경우, 테두리 부분을 은박지로 둘러주면 색이 진해지는 것을 방지할 수 있어요. 크림을 함께 넣어 굽는 타르트의 경우, 크림의 수분과 무게 때문에 타르트지가 약해진 상태이기 때문에 구워낸 타르트는 틀째로 완전히 식힌 후 틀을 제거해주는 것이 좋습니다.

TWO

크렘 & 제누와즈
CRÈME + GÉNOISE

크 렘

바삭한 타르트를 가득 채울 달콤한 크림을 만들어보
세요. 몇 가지 크림 만드는 방법을 익혀두면 다양하
게 응용이 가능해요. 고소한 아몬드 크림과 바닐라향
이 가득한 파티시에르 크림, 부드러운 치즈 크림과
묵직하고 진한 맛의 치즈 크림을 소개합니다.

크렘 다망드

크렘 다망드는 아몬드크림을 뜻해요. 고소한 아몬드가루와 부드러운 버터, 설탕과 달걀
이 어우러져 촉촉하고 고소한 아몬드 크림이 만들어진답니다. 아몬드 크림을 타르트지
에 담아 구워주는 것만으로도 멋진 타르트가 완성될 수 있어요.

버터 50g, 슈가파우더 50g, 달걀 43, 아몬드가루 50g

1   실온에 두어 말랑해진 버터를 볼에 담고 거품기로 부드럽게 풀어줍니다.

2   슈가파우더를 넣어 버터에 흡수되도록 부드럽게 휘핑해주세요.

3   달걀을 조금씩 넣어 버터와 유화되도록 충분히 휘핑해주세요.

4   나머지 달걀을 조금씩 나눠 넣으며 재료가 모두 유화되도록 휘핑해줍니다.

5   아몬드가루를 넣고 전체적으로 크게 섞어주세요.

6   주걱으로 재료가 모두 매끈하게 섞였는지 확인합니다.

Tip 크렘 다망드는 사용하는 재료의 온도가 맞지 않으면 쉽게 분리가 일어날 수 있어요. 사용할 재료는 모두 실온상태의 온도로 맞추어주세요. 또한 버터와 달걀을 섞을 때 유지는 수분과 쉽게 섞이지 않으려는 성질이 있으므로 달걀의 흰자와 노른자를 완전히 풀어 조금씩 나누어 넣어 섞어주는 것이 좋아요.

크렘 파티시에르
CRÈME PÂTISSIÈRE

커스터드 크림custard cream이라는 영어이름이 우리에게 더 친숙한 크렘 파티시에르는
제과에서 다양한 크림의 베이스로 자주 사용되는 크림입니다. 익혀진 상태로 완성이 되
기 때문에 다시 익힐 필요가 없어 구워진 타르트지 위에 크렘 파티시에르와 과일을 올려
주는 것만으로도 훌륭한 타르트를 만들 수 있어요.

INGREDIENT

우유 100g, 바닐라 빈 1/2개, 노른자 25g, 설탕 25g, 전분 5g, 박력분 5g, 버터 3g

HOW TO MAKE

1 우유에 바닐라 빈의 씨앗을 긁어 넣고 따뜻하게 데워주세요.

2 노른자에 설탕을 넣어 뽀얗게 휘핑하고, 전분과 박력분을 넣어 섞어주세요.

3 데운 우유를 노른자 반죽에 조금씩 부으며 휘핑해줍니다.

4 반죽을 냄비로 옮기고 걸쭉한 상태가 될 때까지 쉬지 않고 바닥을 긁으며 약중불로 가열해줍니다.

5 찰기가 없어지고 부드럽고 매끈한 상태가 되면 불에서 내려주세요.

6 버터를 넣어 섞어주면 완성입니다. 완성된 크렘 파티시에르는 넓은 볼로 옮겨 얼음물에 받쳐
빠르게 식혀주세요. 파티시에르 크림을 사용할 때에는 사용하기 직전에 체에 내려 덩어리가 없는
부드러운 상태로 사용하는 것이 좋습니다.

크렘 프로마주
CRÈME FROMAGE

크렘 프로마주crème fromage는 치즈에 설탕과 생크림을 섞어 만드는 굽지 않고 바로 즐
길 수 있는 치즈 크림을 뜻해요. 만드는 방법도 간단하고 맛이 상큼하고 가벼워 어떤 재
료와도 잘 어울린답니다.

Tip 생크림과 레몬즙을 넣은 후 너무 많이 휘핑하면 크림이 지나치게 거칠어질 수 있으니 주의하세요.

INGREDIENT

크림치즈 75g, 설탕 17, 연유 18g, 생크림 90g, 레몬즙 4g

HOW TO MAKE

1   볼에 크림치즈를 담아 주걱으로 부드럽게 풀어주세요.

2   설탕과 연유를 넣어 치즈와 섞어줍니다.

3   생크림을 넣어 덩어리가 없도록 거품기로 저으며 풀어주세요.

4   레몬즙을 넣어 섞고 크림에 휘퍼 자국이 남을 정도로 힘이 생기면 완성입니다.

아파레유 오 프로마주

아파레유appareil란 액상의 혼합재료를 뜻하는 것으로 아파레유 오 프라마주란 굽는 치즈 크림을 뜻하는 말이에요. 묵직한 치즈 크림은 가벼운 크림과의 밸런스를 잡아주어 훌륭한 타르트를 만들 수 있도록 도와준답니다.

INGREDIENT

크림치즈 120g, 설탕 25g, 달걀 43g, 생크림 55g, 전분 3g, 레몬즙 6g

HOW TO MAKE

1 볼에 크림치즈를 담고 덩어리 없이 부드럽게 풀어주세요.

2 설탕을 넣어 치즈와 섞어줍니다.

3 달걀을 조금씩 넣어 매끈하게 섞이도록 부드럽게 휘핑해줍니다.

4 생크림을 넣어 덩어리진 것이 없도록 섞어주고

5 전분과 레몬즙을 넣어 마무리합니다.

6 완성된 반죽을 체에 걸러 준비해주세요.

Tip 아파레유 오 프로마주는 거품을 내어 만드는 반죽이 아니므로 재료가 혼합되는 정도로만 부드럽게 거품기를 사용해주세요.

제누와즈

GÉNOISE

제누와즈génoise는 달걀의 기포성을 이용해 만드는
스펀지 반죽을 뜻하는 말이에요. 타르트를 만들 때
크림 사이사이에 슬라이스한 제누와즈를 올려주면
케이크 못지않은 멋진 타르트를 완성할 수 있답니다.

지름 15cm
둥근 케이크 틀
1개 분량

INGREDIENT

달걀 120g, 설탕 65g, 박력분 65g, 버터 20g, 바닐라 익스트렉 5g

HOW TO MAKE

1 달걀을 부드럽게 풀어 설탕을 넣고 섞어주세요.

2 미지근한 물이 담긴 볼에 반죽을 올리고 달걀의 끈기가 없어질 때까지 휘저어주세요.

3 반죽이 아이보리 색이 되도록 달걀의 거품을 충분히 내주세요.

4 체 친 박력분을 조금씩 나눠 넣으며 부드럽게 섞어주세요.

5 녹여둔 버터와 바닐라 익스트렉을 반죽에 넣고 매끈하게 섞어줍니다.

6 유산지를 깔아 준비한 틀에 반죽을 모두 부어 160도 오븐에 30분 정도 구워주세요. 위 표면이 황금빛으로
   변하고 꼬치로 찔러 반죽이 묻어나지 않으면 익은 것이에요. 구워진 제누와즈는 틀에서 바로 분리한
   후 식힘망에 올려 식혀주세요. 식힌 제누와즈는 5mm 슬라이스 바를 이용해 슬라이스해 준비해주시고
   테두리에 갈색이 짙게 난 부분은 가위로 잘라내어주세요.

Tip 타르트 만들기에 사용하고 남은 제누와
즈는 꼼꼼히 밀봉한 후 냉동고에 보관하시면
필요할 때마다 꺼내어 사용할 수 있어요.

THREE

타르트 만들기

SPRING

봄

딸기 타르트 strawberry tarte

산딸기 타르트 raspberry tarte

레몬 타르트 lemon tarte

오렌지 타르트 orange tarte

토마토 타르트 tomato tarte

딸기 타르트
STRAWBERRY TARTE

딸기는 봄의 시작을 알리는 과일이에요. 가판대에
싱싱한 딸기가 진열된 걸 볼 때면 "벌써 봄이 왔구
나"라는 생각이 들죠. 빨간 과육 안에 가득 들어 있
는 달콤함. 타르트 위에 딸기를 가득 올려보세요.
딸기를 가득 올리는 것만으로도 먹음직스럽고 사
랑스러운 타르트가 만들어진답니다.

산딸기 타르트
RASPBERRY TARTE

산딸기는 4월에서 5월까지만 짧게 만나볼 수 있는
과일이에요. 그래서 산딸기를 싱싱한 생과일로 만
나볼 수 있는 계절이 오면 왠지 모르게 설레죠.
산딸기의 달콤한 향이 가득 들어간 타르트를 소개
합니다. 산딸기가 나오는 계절을 놓치지 말고 맛있
는 타르트를 만들어보세요.

파트 퓌이타주 박력분 100g, 버터 90g, 소금 2g, 설탕 5g, 냉수 40g, 강력분(덧밀가루용)
산딸기잼 산딸기 50g, 설탕 30g
딸기무스 산딸기퓨레 60g, 설탕 20g, 젤라틴 1.5g, 휘핑한 생크림 60g
크렘 프로마주 크림치즈 75g, 설탕 17, 연유 18g, 생크림 90g, 레몬즙 4g
제누와즈 달걀 120g, 설탕 65g, 박력분 65g, 버터 20g, 바닐라 익스트렉 5g
데코용 휘핑한 생크림 70g, 산딸기 적당량

지름 17cm
높이 3.5cm
둥근 타르트틀
1개 분량

산딸기 무스 만들기

1   설탕을 넣어 데운 산딸기 퓨레에 찬물에 불린 젤라틴을 넣어 녹여주세요.

2   퓨레가 따뜻한 느낌으로 식으면 휘핑한 생크림을 넣어 섞어주세요.

과정

3   200℃ 오븐에서 약 30분간 노릇하게 구워낸 퓌이타주 타르트지 위에 산딸기잼을
    발라주세요 만드는 방법은 p24, 굽는 방법은 p30.

4   5mm 두께로 슬라이스한 제누와즈를 올려주세요 만드는 방법은 p46.

5   타르트지 위에 산딸기 무스를 채워 넣어줍니다.

6   5mm 두께의 제누와즈를 올려 밀착시킨 후 냉장고에 넣어 굳혀주세요.

7   크렘 프로마주를 만들어주세요. 완성한 크렘 프로마주를 짤주머니에 담아 돔 모양으로
    짜 올려줍니다 만드는 방법은 p41.

8   휘핑한 생크림을 별 모양 깍지를 끼운 짤주머니에 담아 테두리를 장식해주세요.

9   깨끗이 손질한 산딸기를 타르트 위에 가득 올려주면 완성입니다.

산딸기잼

1   냄비에 산딸기와 설탕을 담고 중약불에서 뭉근하게 졸여줍니다.

2   수분이 날아가 걸쭉해지고 윤기가 흐르면 완성입니다.

# 레몬타르트

LEMON TARTE

레몬에는 비타민C가 가득 들어 있어 식곤증에 지
치는 봄철의 피로를 한방에 날려버릴 수 있어요.
바삭한 타르트지에 구름 같은 폭신한 머랭, 새콤하
게 톡 쏘는 레몬 크림의 조화가 멋스러운 레몬머랭
타르트를 소개합니다.

지름 17cm
높이 3.5cm
둥근 타르트틀
1개 분량

파트 쉬이타주 박력분 100g, 버터 90g, 소금 2g, 설탕 5g, 냉수 40g, 강력분(덧밀가루용)
가나슈 다크초콜릿 30g, 생크림 30g
레몬 파티시에르 레몬즙 30g, 노른자 30g, 설탕 32g, 전분 2g, 젤라틴 1g, 버터 12g, 레몬제스트 조금
제누와즈 달걀 120g, 설탕 65g, 박력분 65g, 버터 20g, 바닐라 익스트렉 5g
이탈리안머랭 흰자 56g, 설탕 150g, 물 38g

가나슈 만들기

1   데운 생크림에 초콜릿을 녹여 가나슈를 준비해주세요.

레몬 파티시에르 만들기

2   레몬 파티시에르를 만들어주세요. p39의 크렘 파티시에르와 만드는 방법은 동일하나
    우유 대신 레몬즙을 사용합니다.

3   완성된 뜨거운 레몬 파티시에르에 버터와 물에 불려둔 젤라틴, 레몬 제스트를 넣어
    섞어주세요.

이탈리안 머랭 만들기

4   물과 설탕을 118℃까지 끓인 시럽을 거품 올린 흰자에 부으며 실온 상태가 될 때까지
    휘핑합니다.

과정

5   200℃ 오븐에서 약 30분간 노릇하게 구워낸 쉬이타주 반죽을 식힘망에 올려
    완전히 식혀주세요만드는 방법은 p24, 굽는 방법은 p30.

6   식힌 타르트지 위에 가나슈를 올려 평평하게 모양을 잡아줍니다.

7   5mm로 슬라이스 한 제누와즈를 올려주세요만드는 방법은 p46.

8   레몬 파티시에르를 부어 스패출러로 평평하게 펴주고 냉장고에서 단단히 굳혀주세요.

9   완성된 이탈리안 머랭을 별 모양 팁을 끼운 짤주머니에 담아 타르트의 윗면을
    장식해주세요.

오렌지 타르트

ORANGE TARTE

오렌지를 들고 그 향을 맡으면 코끝으로 달콤하고
깊은 향기가 느껴져요. 그 향기만으로도 기분이 좋
아지는 오렌지는 과즙이 풍부하고 비타민C를 많
이 가지고 있는 과일이에요. 오렌지를 시럽에 달콤
하게 절인 타르트를 만들어보세요. 오렌지의 과육
과 껍질을 통째로 즐길 수 있어 더욱 특별한 타르
트랍니다.

토마토 타르트
TOMATO TARTE

토마토는 한때 '과일이냐 채소냐'라는 논란을 일으
켰을 정도로 과일과 채소의 좋은 성분을 두루 갖추
고 있어요. 상큼한 무스와 녹차 제누와즈, 빨간 토
마토를 함께 올린 토마토 타르트를 만들어보세요.
싱그러운 타르트의 컬러감에 놀라고 입안에서 터
지는 토마토의 상큼함에 반하실 거예요.

지름 17cm
높이 3.5cm
둥근 타르트틀
1개 분량

INGREDIENT

파트 푀이타주 박력분 100g, 버터 90g, 소금 2g, 설탕 5g, 냉수 40g, 강력분(덧밀가루용)
녹차 제누와즈 달걀 120g, 설탕 65g, 박력분 65g, 녹차가루 5g, 버터 20g, 바닐라 익스트렉 5g
요거트 무스 생크림 60g, 설탕 5g, 플레인 요거트 35g
치즈 무스 생크림 140g, 마스카포네 치즈 60g, 설탕 7g, 연유 5g
데코용 녹인 화이트 초콜렛 20g, 토마토 적당량

HOW TO MAKE

요거트 무스 만들기

1   설탕을 넣어 부드럽게 휘핑한 생크림에 플레인 요거트를 넣어 단단하게 휘핑해주세요.

치즈 무스 만들기

2   마스카포네 치즈에 설탕과 연유를 넣어 주걱으로 부드럽게 풀어주세요.

3   부드럽게 풀린 마스카포네 치즈에 차가운 생크림을 넣어 자국이 남도록 단단하게
     휘핑해줍니다.

과정

4   200℃ 오븐에서 약 30분간 노릇하게 구워낸 푀이타주 타르트지 위에
     녹인 화이트 초콜릿을 얇게 발라주세요 만드는 방법은 p24, 굽는 방법은 p30.

5   5mm로 슬라이스한 녹차 제누와즈를 올려주세요. 제누와즈를 만드는 과정은
     동일합니다 만드는 방법은 p46. 녹차가루를 박력분과 함께 체에 내려 사용하면 됩니다.

6   완성된 요거트 무스를 타르트지 위에 올려 평평하게 모양 잡아주고 반을 자른
     토마토를 올려주세요.

7   5mm 두께의 녹차 제누와즈를 요거트 무스 위에 올려 꼼꼼하게 밀착시켜주세요.

8   치즈무스의 절반을 타르트 위에 올리고 스페츌러를 이용해 돔 모양으로 정리해주세요.

9   나머지 크림은 별 모양 팁을 끼운 짤주머니에 담아 테두리를 장식한 후 가운데
     토마토를 가득 올려주면 완성입니다.

SUMMER

여름

블루베리 타르트

BLUEBERRY TARTE

블루베리는 미국 타임지에서 선정한 10대 슈퍼푸
드로 안토시아닌이 풍부해 항산화 능력이 우수한
과일이에요. 카시스의 새콤함과 블루베리의 달콤
함을 함께 느낄 수 있는 바삭한 타르트를 소개합니
다. 생 블루베리를 가득 올린 달콤한 타르트를 즐
겨보세요.

지름 9cm
높이 2cm
둥근 타르트틀
3개 분량

INGREDIENT

파트 푀이타주 박력분 100g, 버터 90g, 소금 2g, 설탕 5g, 냉수 40g, 강력분(덧밀가루용)
크렘 파티시에르 우유 100g, 바닐라 빈 1/2개, 노른자 25g, 설탕 25g, 전분 5g, 박력분 5g, 버터 3g
제누와즈 달걀 120g, 설탕 65g, 박력분 65g, 버터 20g, 바닐라 익스트렉 5g
블루베리&카시스 콩포트 블루베리 퓨레 65g, 카시스 퓨레 65g, 설탕 15g, 젤라틴 3g
크렘 프로마주 크림치즈 50g, 설탕 11, 연유 12g, 생크림 60g, 레몬즙 3g
데코용 녹인 화이트 초콜렛 20g, 블루베리 적당량

HOW TO MAKE

블루베리 & 카시스 콩포트 만들기

1   냄비에 블루베리 퓨레와 카시스 퓨레, 설탕을 넣어 따끈하게 데운 후 찬물에 불린
    젤라틴을 넣고 녹여주세요.

2   바닥을 랩핑한 지름 7cm 무스틀에 5mm 두께가 되도록 콩포트를 담아 냉동실에서
    단단히 굳혀주세요.

과정

3   퐁세한 푀이타주 반죽을 200℃ 오븐에서 약 30분간 색을 보아가며 노릇하게 구워
    준비합니다만드는 방법은 p24, 굽는 방법은 p30.

4   녹인 화이트 초콜릿을 바닥에 얇게 발라주세요.

5   크렘 파티시에르를 완성해주세요만드는 방법은 p39.

6   완성한 크렘 파티시에르를 짤주머니에 담아 타르트지의 절반까지 채워 담아줍니다.

7   5mm 두께로 슬라이스한 제누와즈를 콩포트와 같은 사이즈로 준비해지름 7cm 콩포트와
    함께 타르트 위에 올려주세요.

8   크렘 프로마주를 만들어주세요. 완성된 크렘 프로마주를 1cm 팁을 끼운 짤주머니에
    담아 타르트 위에 둥글게 짜 올려줍니다만드는 방법은 p41.

9   크림 위에 블루베리를 가득 올려주면 완성입니다. 퐁세 후 남은 반죽을 구워내 잘게
    다진 후, 크림의 옆면에 붙여주면 멋스러운 타르트를 완성할 수 있어요.

1
2
3
4
5
6
7
8
9

체리 타르트
CHERRY TARTE

진한 초콜릿 무스와 검붉은 체리의 조합은 언제 봐
도 매력적이에요. 예전부터 전해 내려오는 케이크
레시피 중에는 진한 초콜릿 무스와 체리를 함께 올
린 레시피가 많아요. 아마도 이 두 조합이 그만큼
멋지기 때문일 거예요. 타르트 위에 달콤하고 쌉싸
름한 초콜릿 무스와 체리를 가득 올려 만들어보세
요. 케이크보다 멋진 타르트가 완성될 거예요.

지름 17cm

높이 3.5cm

둥근 타르트틀

1개 분량

INGREDIENT

파트 푀이타주 박력분 100g, 버터 90g, 소금 2g, 설탕 5g, 냉수 40g, 강력분(덧밀가루용)
가나슈 다크초콜릿 30g, 생크림 30g
제누와즈 달걀 120g, 설탕 65g, 박력분 65g, 버터 20g, 바닐라 익스트렉 5g
크렘 샹티 생크림 100g, 설탕 10g

초콜릿 무스
크렘 파티시에르 우유 40g, 노른자 10g, 설탕 10g, 전분 2g, 박력분 2g, 버터 2g
다크 초콜릿 80g, 휘핑한 생크림 130g
데코용 체리 적당량, 다진 피스타치오 적당량

HOW TO MAKE

초콜릿 무스 만들기

1   크렘 파티시에르를 만들어 준비해주세요만드는 방법은 p39.

2   크렘 파티시에르에 녹인 다크 초콜릿을 넣어 섞어준 후

3   휘핑한 생크림을 두 번에 나누어 섞어주세요.

과정

4   녹인 다크 초콜릿과 데운 생크림을 섞어 완성한 가나슈를 200℃ 오븐에서 약 30분간 노릇하게
    구워낸 푀이타주 타르트지 위에 부어 평평하게 모양을 잡아줍니다만드는 방법은 p24, 굽는 방법은 p30.

5   5mm 두께로 슬라이스한 제누와즈를 가나슈 위에 올려주세요만드는 방법은 p46.

6   생크림과 설탕을 휘핑해 완성한 크렘 샹티를 제누와즈 위에 올려 스패츌러로 평평하게
    모양을 잡은 후, 반을 갈라 씨를 제거한 체리를 크렘 샹티 속에 넣어줍니다.

7   5mm 두께로 슬라이스한 제누와즈를 크림에 밀착되도록 가볍게 눌러가며 타르트 위에
    올려주세요.

8   타르트 위에 초콜릿 무스의 절반을 돔 모양으로 올려준 후

9   나머지 크림을 별깍지를 끼운 짤주머니에 담아 타르트의 테두리를 장식해줍니다. 크림
    위에 체리와 다진 피스타치오를 가득 올려주면 완성입니다.

청포도타르트

GREEN GRAPE TARTE

7, 8월에 가장 맛있게 먹을 수 있는 청포도는 과일
자체의 당도가 무척 뛰어나 타르트 만들기에 자주
애용되는 과일입니다. 달콤하고 부드러운 크림이
가득 담긴 바삭한 타르트지 위에 청포도를 가득 올
려 만들어보세요. 멋진 조합의 타르트가 만들어질
거예요.

가로 11cm, 세로 6cm
높이 2cm
직사각 타르트틀
3개 분량

파트 푀이타주 박력분 100g, 버터 90g, 소금 2g, 설탕 5g, 냉수 40g, 강력분(덧밀가루용)
크렘 파티시에르 우유 100g, 바닐라 빈 1/2개, 노른자 25g, 설탕 25g, 전분 5g, 박력분 5g, 버터 3g
제누와즈 달걀 120g, 설탕 65g, 박력분 65g, 버터 20g, 바닐라 익스트렉 5g
크렘 프로마주 크림치즈 50g, 설탕 11g, 연유 12g, 생크림 60g, 레몬즙 3g
데코용 녹인 화이트 초콜렛 20g, 청포도 적당량, 다진 피스타치오 적당량

1   200℃ 오븐에서 약 25분간 노릇하게 구워낸 푀이타주 타르트지를
    준비해줍니다만드는 방법은 p24, 굽는 방법은 p30.

2   중탕으로 녹인 화이트초콜릿을 타르트지 위에 얇게 펴 발라주세요.

3   크렘 파티시에르를 만들어 준비해주세요만드는 방법은 p39.

4   완성한 크렘 파티시에르를 타르트지의 절반까지 채워 담고

5   5mm로 슬라이스한 제누와즈를 올려줍니다.

6   크렘 프로마주를 만들어 준비해주세요만드는 방법은 p41.

7   완성한 크렘 프로마주를 1cm 깍지를 끼운 짤주머니에 담아 타르트 위에 짜
    올려주세요.

8   씻어 물기를 제거한 청포도를 올리고

9   테두리에 다진 피스타치오를 올려 장식해줍니다.

살구타르트

APRICOT TARTE

달콤하면서도 새콤한 맛을 가진 살구는 아쉽게도
여름철 짧은 시기에만 생과를 만나볼 수 있어요.
고소한 아몬드 크림 위에 통통한 살구과육과 달콤
한 스트뤼젤을 가득 올린 타르트를 소개합니다. 만
들기도 간단하고 맛도 무척 훌륭한 타르트랍니다.
생 살구를 구하기 어려운 계절에는 통조림으로 판
매되는 제품을 사용해도 좋아요.

지름 9cm
높이 2cm
둥근 타르트틀
3개 분량

INGREDIENT

파트 쉬크레 버터 63g, 슈가파우더 34g, 소금 약간, 달걀 15g, 노른자 5g, 박력분 100g, 아몬드가루 15g
크렘 다망드 버터 50g, 슈가파우더 50g, 달걀 43g, 아몬드가루 50g
스트뢰젤 버터 15g, 슈가파우더 15g, 아몬드가루 15g, 박력분 15g

HOW TO MAKE

스트뢰젤 만들기

1   부드럽게 풀어 둔 버터에 슈가파우더와 아몬드가루, 박력분을 넣어 휘퍼기로 크게 원을 그리듯이 섞어주세요.

2   포슬포슬한 상태가 되면 냉장고에 넣어 차게 만들어줍니다.

과정

3   쉬크레 반죽을 퐁세 후 1시간 이상 냉동실에서 휴지시켜 준비해주세요 만드는 방법은 p20.

4   크렘 다망드를 완성해주세요 만드는 방법은 p37.

5   완성된 크렘 다망드를 짤주머니에 담아 틀의 60%까지 담아줍니다.

6   씨를 제거한 살구를 가운데 올리고

7   스트뢰젤을 테두리에 소복이 올려주세요.

8   170℃의 오븐에서 윗면의 색을 보아가며 약 20분간 구워줍니다 굽는 방법은 p30.

9   구워낸 타르트는 틀째로 미지근한 상태가 될 때까지 식힌 후 틀에서 분리하고 완전히 식혀줍니다.

바나나 타르트
BANANA TARTE

식이섬유가 풍부한 바나나는 열대지방에서 자라
는 과일이에요. 뜨거운 햇살 아래에서 자라 당도가
뛰어난 바나나를 캐러멜 무스와 함께 타르트로 즐
겨보세요. 달콤한 두 재료가 만나 기분 좋은 하모
니를 선사할 거예요.

가로 25cm, 세로 10cm
높이 2.5cm
직사각 타르트틀
1개 분량

파트 쉬크레 박력분 100g, 버터 90g, 소금 2g, 설탕 5g, 냉수 40g, 강력분(덧밀가루용)
가나슈 다크초콜릿 30g, 생크림 30g
제누와즈 달걀 120g, 설탕 65g, 박력분 65g, 버터 20g, 바닐라 익스트렉 5g
크렘 샹티 생크림 70g, 설탕 7g
캐러멜소스 설탕 110g, 생크림90g, 바닐라 빈 1/2개, 소금 약간
캐러멜무스 캐러멜소스 60g, 휘핑한 생크림 120g
데코용 바나나 3개, 구운 견과류 적당량

캐러멜소스 만들기

1   냄비에 설탕을 조금씩 넣으며 캐러멜색이 나도록 끓여주세요. 처음에는 중불로 설탕을
    녹여주고 설탕에 카라멜화가 진행되면 약불로 내려 색을 보아가며 천천히 끓여주세요.

2   바닐라빈과 소금을 넣어 데운 생크림을 캐러멜화한 설탕에 넣어 섞어주세요. 설탕이
    캐러멜화가 완료되는 시점과 생크림을 데우는 시점을 맞춰주는 것이 좋아요. 완성된
    캐러멜소스는 체에 걸러준 후 완전히 식혀 준비해주세요.

캐러멜 무스 만들기

3   부드럽게 휘핑한 생크림에 캐러멜소스를 넣어 섞어주세요.

과정

4   녹인 초콜릿에 데운 생크림을 넣어 가나슈를 완성해주세요. 200℃ 오븐에서
    약 30분간 노릇하게 구워낸 쉬크레 타르트지 위에만드는 방법은 p24, 굽는 방법은 p30
    완성한 가나슈를 부어 평평하게 모양을 잡아주세요.

5   5mm 두께로 슬라이스한 제누와즈를만드는 방법은 p46 타르트틀의 사이즈와 맞도록 잘라
    올려주세요.

6   차가운 생크림에 설탕을 넣어 부드럽게 거품 올린 샹티 크림을 타르트지 위에 올려
    평평하게 모양을 잡아주고 슬라이스한 바나나를 올려주세요.

7   캐러멜무스의 절반을 짤주머니에 담아 타르트지 위에 짜 올려줍니다.

8   별팁을 끼운 짤주머니에 나머지 캐러멜 무스를 모두 담아 타르트의 테두리를
    장식해주세요.

9   남은 캐러멜소스에 슬라이스한 바나나와 구운 견과류를 버무려 타르트 위에 가득
    올려주면 완성입니다.

가을

밤 타르트 chestnut tarte

너츠 타르트 nuts tarte

고구마 타르트 sweet potato tarte

홍차 타르트 tea tarte

밤타르트

CHESTNUT TARTE

어린 시절 가을이면 부모님과 산으로 밤을 따러 갔
던 추억이 있어요. 뾰족한 밤송이 안에 탐스럽게
빛나던 밤알 두 개가 어찌나 귀엽게 보였는지. 고
소한 밤 크림을 가득 올린 타르트를 먹을 때마다
그때 그 추억이 생각납니다.

지름 17cm
높이 3.5cm
타르트틀 1개 분량

INGREDIENT

파트 쉬크레 버터 63g, 슈가파우더 34g, 소금 약간, 달걀 15g, 노른자 5g, 박력분 100g, 아몬드가루 15g
크렘 다망드 버터 50g, 슈가파우더 50g, 달걀 43g, 아몬드가루 50g, 조각낸 밤 30g
크렘 샹티 생크림 150g, 설탕 15g
밤크림 노른자 32g, 설탕 55g, 물 25g, 버터 90g, 밤 페이스트 90g

HOW TO MAKE

밤크림 만들기

1   물과 설탕을 118℃까지 끓인 시럽을 거품 올린 노른자에 조금씩 부어 실온이 될 때까지
    휘핑해주세요.

2   완전히 식은 노른자 머랭에 실온에 둔 버터와 밤 페이스트를 넣고 휘핑해 부드러운
    크림 상태로 만들어줍니다.

크렘 샹티 만들기

3   생크림에 설탕을 넣어 자국이 남도록 단단하게 휘핑해주세요.

과정

4   쉬크레 반죽을 퐁세 후 휴지시켜 준비해주세요 만드는 방법은 p20.

5   크렘 다망드를 완성해주세요 만드는 방법은 p37.

6   크렘 다망드를 짤주머니에 담아 틀에 평평하게 팬닝해주고

7   조각낸 밤을 올려 170℃ 오븐에서 약 30분간 노릇하게 구워줍니다 굽는 방법은 p30.

8   식힌 타르트지 위에 크렘 샹티를 올려 돔 모양으로 모양을 잡아주고

9   몽블랑 팁을 끼운 짤주머니에 밤크림을 담아 타르트 위에 전체적으로 짜 올려줍니다.

너츠타르트

NUTS TARTE

탄수화물, 단백질, 지방, 비타민, 무기질 등 각종 영양소가 듬뿍 들어 있는 견과류와 고소하고 깔끔한 맛의 커피 아몬드 크림을 가득 넣어 타르트를 만들어보세요. 씹을수록 고소하고 깔끔한 끝맛 때문에 자꾸만 손이 가게 될 거예요.

고구마 타르트
SWEET POTATO TARTE

저희 어머니께서는 맛있는 고구마가 나오는 철이
면 간식으로 고구마를 자주 쪄주셨습니다. 특히 시
럽에 절인 고구마 조림을 만들어주시는 날에는 식
탁에 앉아 달콤한 고구마 조림이 완성되기만을 기
다렸답니다. 달콤한 고구마 조림을 만들어 타르트
위에 가득 올려보세요. 아이들도 어른들도 좋아하
는 타르트가 만들어질 거예요.

지름 17cm
높이 3.5cm
타르트틀 1개 분량

INGREDIENT

파트 쉬크레 버터 63g, 슈가파우더 34g, 소금 약간, 달걀 15g, 노른자 5g, 박력분 100g, 아몬드가루 15g
크렘 다망드 버터 50g, 슈가파우더 50g, 달걀 43g, 아몬드가루 50g, 고구마 20g
고구마 조림 고구마 230g, 식용유 30g, 설탕 40g, 물엿 20g, 구운 견과류 50g

HOW TO MAKE

고구마 조림 만들기

1   고구마는 깨끗이 씻어 적당한 크기로 자른 후 찬물에 담가 전분기를 제거해주세요.
    하얀 전분이 충분히 빠져나오면 체에 밭쳐 물기를 제거해줍니다.

2   냄비에 분량의 식용유를 두르고 온도가 뜨겁게 올라오면 물기를 제거한 고구마를 넣어
    고르게 익혀주세요.

3   고구마가 절반 정도 익으면 설탕과 물엿을 넣고 뒤섞으며 익혀줍니다.

4   구워서 준비한 견과류를 넣고 가볍게 뒤섞으며 약불에서 익혀주세요.

5   고구마가 모두 익으며 맛있는 황금색으로 변하면 불에서 내려줍니다.

과정

6   크렘 다망드를 만들어주세요만드는 방법은 p37.

7   퐁세 후 휴지를 마친 쉬크레 반죽만드는 방법은 p20에 크렘 다망드를 채워 담고

8   사방 1cm로 썰어 준비한 고구마를 크림 사이사이에 넣어 170℃ 오븐에서
    약 30분간 노릇하게 구워주세요굽는 방법은 p30.

9   구워낸 타르트 위에 고구마 조림을 가득 올리면 완성입니다.

홍차타르트
TEA TARTE

가을은 낙엽이 떨어지는 창가에 앉아 홍차를 즐기
기 좋은 계절이에요. 따뜻한 홍차 한잔도 좋지만
깊은 향을 내는 홍차 타르트를 만들어 즐겨보세요.
타르트 한 조각과 함께하는 시간이 가을의 정취를
느낄 수 있는 여유를 가져다줄 거예요.

지름 17cm
높이 3.5cm
타르트틀 1개 분량

INGREDIENT

파트 푀이타주 박력분 100g, 버터 90g, 소금 2g, 설탕 5g, 냉수 40g, 강력분(덧밀가루용)
홍차 제누와즈 달걀 120g, 설탕 65g, 박력분 65g, 얼그레이 잎 2g, 버터 20g, 바닐라 익스트렉 5g
홍차 가나슈 밀크초콜릿 30g, 생크림 40g, 얼그레이 잎 2g
홍차 무스 우유 34g, 얼그레이 잎 4g, 밀크초콜릿 24g, 다크초콜릿 20g, 휘핑한 생크림 88g
크렘 샹티 생크림 80g, 설탕 8g

HOW TO MAKE

홍차 가나슈 만들기

1   데운 생크림에 얼그레이 잎을 넣은 후 뚜껑을 덮어 3분간 우려내주세요. 체에 걸러
    잎을 제거한 생크림과 녹인 밀크초콜릿을 섞어줍니다.

홍차 무스 만들기

2   데운 우유에 얼그레이 잎을 넣고 뚜껑을 덮은 채로 3분간 우려내주세요. 얼그레이 향이
    충분히 우러나면 체에 걸러 잎을 제거해 준비합니다.

3   녹인 초콜릿과 얼그레이를 우려낸 우유를 섞어주고

4   부드럽게 휘핑한 생크림을 넣어 섞어주세요.

과정

5   200℃ 오븐에서 약 30분간 노릇하게 구워낸 푀이타주 타르트지만드는 방법은 p24, 굽는 방법은 p30에
    홍차 가나슈를 부어 평평하게 모양을 잡아줍니다.

6   5mm로 슬라이스해 준비한 홍차 제누와즈만드는 방법은 p46를 올려주세요박력분을 넣을 때 잘게
    부순 홍차가루를 함께 넣어 섞어주세요.

7   생크림에 설탕을 넣어 단단하게 휘핑한 크렘 샹티를 타르트 위에 올려 스패출러로
    평평하게 모양을 잡아줍니다.

8   5mm 두께의 홍차 제누와즈를 올려 가볍게 밀착시켜주고

9   홍차무스를 타르트 위에 가득 올리고 스페출러를 이용해 예쁘게 모양을 잡아주세요.

겨울

초콜릿 타르트 chocolate tarte

사과 타르트 apple tarte

치즈 타르트 cheese tarte

검은깨 타르트 black sesame tarte

단호박 타르트 pumpkin tarte

귤 타르트 mandarin tarte

초콜릿 타르트
CHOCOLATE TARTE

차갑고 매서운 바람이 불어오는 겨울이면 진한 초
콜릿이 생각납니다. 달콤한 초코 크림과 쌉싸름한
가나슈가 가득 담긴 타르트를 만들어보세요. 추운
겨울날이지만 마음만은 따뜻해질 거예요.

가로 11cm, 세로 6cm
높이 2cm
직사각 타르트틀
3개 분량

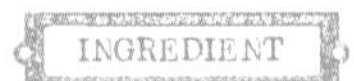

파트 쉬크레 버터 63g, 슈가파우더 34g, 소금 약간, 달걀 15g, 노른자 5g, 박력분 95g, 코코아가루 5g, 아몬드
가루 15g
초코 다망드 버터 50g, 슈가파우더 50g, 달걀 43g, 아몬드가루 50g, 다크초콜릿 35g
가나슈 다크초콜릿 50g, 생크림 50g, 버터 6g

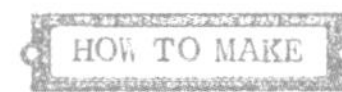

초코 다망드 만들기

1. 크렘 다망드를 만들어주세요만드는 방법은 p37. 중탕한 초콜릿을 실온상태로 식혀 완성한
   크렘 다망드와 섞어줍니다.

가나슈 만들기

2. 초콜릿을 중탕으로 녹여 준비해주세요.
3. 따끈하게 데운 생크림을 중탕한 초콜릿에 조금씩 부어가며 섞어줍니다.
4. 초콜릿과 생크림이 깨끗하게 섞였으면 실온의 버터를 넣어 섞어주세요.

과정

5. 초코 쉬크레 반죽만드는 방법은 p20을 미니 사각 타르트틀에 퐁쉐 후 냉동 휴지해
   준비합니다. 쉬크레반죽을 만드는 방법과 동일하며 코코아가루는 가루류와 함께 체에 내려 사용하면 됩니다.
6. 초코 다망드를 짤주머니에 담아 타르트틀의 절반까지 짜주고
7. 170℃ 오븐에서 약 20분간 구워낸 후 틀째로 완전히 식혀주세요굽는 방법은 p30.
8. 가나슈를 짤주머니에 담아 타르트틀에 가득 담아줍니다.
9. 금박을 올려 장식하고 냉장고에서 가나슈를 굳혀줍니다.

사과 타르트

사과로 만든 타르트는 영화나 드라마에서도 자주
등장할 정도로 대중적인 디저트예요. 아삭아삭한
식감의 사과는 과일 그 자체로도 무척 훌륭하지만
타르트로 만들어 오븐에 살짝 익혀먹는 사과는 그
만의 특별한 맛이 있답니다. 바삭한 타르트지 위에
달콤한 사과를 가득 올린 타르트를 만들어보세요.

가로 10cm, 세로 20cm
직사각 타르트틀
1개 분량

파트 푀이타주 박력분 100g, 버터 90g, 소금 2g, 설탕 5g, 냉수 40g, 강력분(덧밀가루용)
크렘 파티시에르 우유 100g, 바닐라 빈 1/2개, 노른자 25g, 설탕 25g, 전분 5g, 박력분 5g, 버터 3g
데코용 사과 1개, 계피가루를 섞은 설탕 조금, 녹인 버터 적당량, 1:1 달걀물 적당량

1 3절 접기를 3번 마친 푀이타주 반죽만드는 방법은 p24을 3mm 두께의 직사각형 모양으로 밀어 펴주세요.

2 반죽을 가로 14cm 세로 24cm 사이즈로 잘라줍니다.

3 양 옆의 반죽을 사방으로 2cm씩 잘라 준비해주세요.

4 반죽 위에 달걀물을 발라 잘라낸 반죽을 테두리에 겹쳐 붙여주고

5 달걀물을 반죽에 전체적으로 고르게 칠해주고 포크로 바닥에 구멍을 내어준 후, 칼등을 이용해 테두리에 자국을 내어주세요.

6 크렘 파티시에르를 납작팁을 끼운 짤주머니에 담아 짜 올려주세요만드는 방법은 p39.

7 슬라이스한 사과를 촘촘히 올려주고

8 녹인 버터를 사과 위에 고르게 바른 후 계피가루를 섞은 설탕을 뿌려줍니다.

9 테두리의 색을 보아가며 200℃의 오븐에서 약 30분간 노릇하게 구워내면 완성입니다.

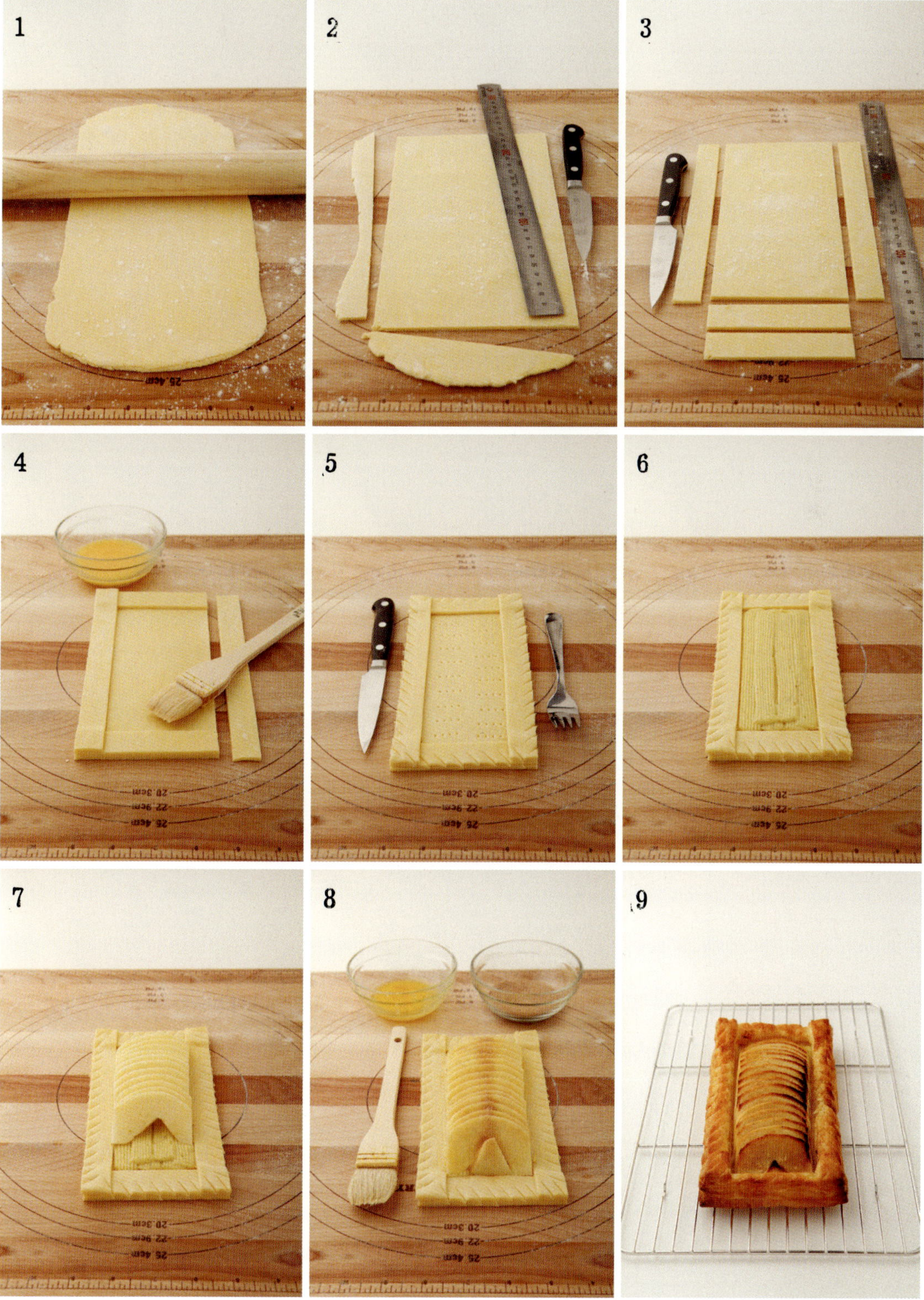

치즈타르트

CHEESE TARTE

고소하고 깊은 맛을 가진 부드러운 치즈는 누구나
좋아하는 식재료 중 하나예요. 고소한 치즈를 가득
올려 만든 타르트 한 조각이 당신을 세상 누구보다
도 행복한 사람으로 만들어줄 거예요.

지름 17cm
높이 3.5cm
둥근 타르트틀 1개 분량

INGREDIENT

파트 쉬크레 버터 63g, 슈가파우더 34g, 소금 약간, 달걀 15g, 노른자 5g, 박력분 100g, 아몬드가루 15g
크렘 프로마주 크림치즈 100g, 설탕 22, 연유 24g, 생크림 120g, 레몬즙 6g
아파레유 오 프로마주 크림치즈 120g, 설탕 25g, 달걀 43g, 생크림 55g, 전분 3g, 레몬즙 6g
패션&망고 콩포트 패션프루츠 퓨레 45g, 망고 퓨레 30g, 설탕 18g, 젤라틴 2g

HOW TO MAKE

패션 & 망고 콩포트 만들기

1 패션프루츠 퓨레와 망고 퓨레에 설탕을 섞어 설탕이 모두 녹도록 뜨겁게 데워줍니다.

2 물에 불린 젤라틴을 넣어 녹여줍니다.

3 바닥을 랩핑한 12cm 무스틀에 콩포트를 담아 냉동실에서 굳혀줍니다.

과정

4 170℃ 오븐에서 약 15분간 1차 구움 한 쉬크레 반죽만드는 방법은 p20, 굽는 방법은 p30의 바닥에 달걀물을
   바르고 30초간 오븐에 구워줍니다. 달걀물을 바르는 것은 아파레유의 수분이 타르트지에 흡수되지 않도록 하기 위함이에요.

5 아파레유를 완성해 미지근하게 식힌 타르트지 안에 담아주고만드는 방법은 p43

6 아파레유가 모두 익고 타르트의 테두리가 노릇한 색이 나도록 170℃ 오븐에서 약 15분간
   2차 구움 해 줍니다. 구워낸 타르트는 틀째로 완전히 식힌 후 틀에서 분리해주세요.

7 식힌 타르트 위에 콩포트를 올리고

8 완성한 크렘 프로마주를 짤주머니에 담아 돔 모양으로 짜 올려줍니다만드는 방법은 p41.

9 스페츌러로 크림을 모양을 잡아 완성합니다.

검은깨 타르트

BLACK SESAME TARTE

블랙 푸드로 주목을 받는 검은깨는 피부 노화방지
에 특히 좋은 식품이라고 해요. 찬바람이 불어오는
겨울. 고소한 검은깨를 가득 넣은 타르트를 만들어
보세요.

지름 17cm
높이 3.5cm
둥근 타르트틀 1개 분량

INGREDIENT

파트 쀠이타주 박력분 100g, 버터 90g, 소금 2g, 설탕 5g, 냉수 40g, 강력분(덧밀가루용)
제누와즈 달걀 120g, 설탕 65g, 박력분 65g, 버터 20g, 바닐라 익스트렉 5g
검은깨 파티시에르 우유 200g, 노른자 50g, 설탕 50g, 전분 10g, 박력분 10g, 버터 6g, 검은깨 페이스트 12g
검은깨 디플로마트 검은깨 파티시에르 130g, 검은깨 3g, 휘핑한 생크림 130g
데코용 녹인 화이트 초콜릿 20g

HOW TO MAKE

검은깨 파티시에르 만들기

1 크렘 파티시에르를 완성해주세요.만드는 방법은 p39.

2 완성된 파티시에르 크림을 불에서 내려 검은깨 페이스트를 넣어 섞어줍니다.

검은깨 디플로마트 만들기

3 완성한 검은깨 파티시에르 중 130g을 볼에 덜어 검은깨를 넣어 섞어주고

4 단단하게 휘핑한 생크림을 넣어 휘퍼기로 재빠르게 섞어줍니다.

과정

5 200℃ 오븐에서 약 30분간 노릇하게 구워낸 쀠이타주 타르트지에 녹인
  화이트 초콜릿을 얇게 발라준 후 만드는 방법은 p24, 굽는 방법은 p30

6 5mm 두께의 제누와즈를 올려줍니다.만드는 방법은 p46.

7 검은깨 파티시에르 100g을 타르트지 위에 올려 스페츌러로 평평하게 모양을
  잡아주세요.

8 5mm 두께의 제누와즈를 올려 가볍게 밀착시켜줍니다.

9 1.2cm 팁을 끼운 짤주머니에 검은깨 디플로마트 크림을 담아 타르트 위에 짜
  올려줍니다.

단호박 타르트

PUMPKIN TARTE

단호박은 겉은 울퉁불퉁 못생긴 모양을 하고 있지
만 노랗고 달콤한 속살을 가지고 있어요. 찐 단호
박은 그냥 먹어도 맛있지만 달콤한 타르트로 만들
어보세요. 치즈의 고소함과 어우러진 단호박 크림
이 매력적인 타르트를 소개합니다.

지름 9cm
높이 2cm
둥근 타르트틀
3개 분량

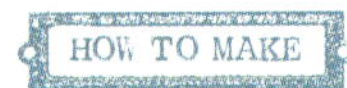

INGREDIENT

파트 쉬크레 버터 63g, 슈가파우더 34g, 소금 약간, 달걀 15g, 노른자 5g, 박력분 100g, 아몬드가루 15g
단호박 아파레유 크림치즈 53g, 설탕 18g, 달걀 22g, 생크림 15g, 전분 2g, 단호박 페이스트 43g
단호박 크림 버터 40g, 슈가파우더 35g, 단호박 페이스트 100g, 바닐라빈 1/2개, 소금 약간
데코용 1:1 달걀물 적당량

HOW TO MAKE

단호박 아파레유 만들기

1   단호박을 삶아 껍질을 제거한 후 부드러운 상태로 으깨어 준비합니다.

2   크림치즈에 설탕을 넣어 부드럽게 풀어주고 달걀을 넣어 섞어줍니다.

3   으깨어 놓은 단호박 페이스트를 넣어 섞어주고

4   생크림과 전분을 넣어 섞은 후 체에 내려 덩어리가 없도록 준비해주세요.

단호박 크림 만들기

5   부드럽게 풀어둔 버터에 슈가파우더와 소금을 넣어 휘핑하고

6   단호박 페이스트와 바닐라빈의 씨앗을 긁어 넣어 휘핑해주세요.

과정

7   170℃ 오븐에서 약 15분간 1차 구움 한 쉬크레 타르트지만드는 방법은 p20, 굽는 방법은 p30에
    달걀물을 발라 30초간 구워내고달걀물을 바르는 것은 아파레유의 수분이 타르트지에 흡수되지 않도록 하기 위함이에요.

8   완성한 단호박 아파레유를 타르트틀의 절반까지 채워 아파레유가 노릇하게 익도록
    170℃ 오븐에서 약 15분간 2차 구움 해 줍니다.

9   별팁을 끼운 짤주머니에 단호박 크림을 담아 식힌 타르트 위에 짜 올려주면 완성입니다.

귤타르트

MANDARIN TARTE

한겨울. 달콤한 귤이 제철인 시기가 오면 손바닥
이 노랗게 변하도록 귤을 먹고는 했어요. 귤은 겨
울철에 특히 당도가 높아져 겨울에 나오는 귤은
꼭 챙겨 먹어야 하는 과일 중 하나랍니다. 부드러
운 크림 위 달콤한 귤을 가득 올린 타르트를 만들
어보세요.

INGREDIENT

파트 쾨이타주 박력분 100g, 버터 90g, 소금 2g, 설탕 5g, 냉수 40g, 강력분(덧밀가루용)
크렘 파티시에르 우유 70g, 바닐라 빈 1/3개, 노른자 18g, 설탕 18g, 전분 3g, 박력분 4g, 버터 2g
크렘 디플로마트 크렘 파티시에르 70g, 휘핑한 생크림 60g, 코앵트로 3g
데코용 귤 적당량, 녹인 화이트 초콜릿 20g

HOW TO MAKE

크렘 디플로마트 만들기

1. 크렘 파티시에르를 만들어주세요.만드는 방법은 p39.
2. 완성한 크렘 파티시에르를 얼음물에 받쳐 식힌 후 코앵트로를 넣어 매끈하게 섞어줍니다.
3. 단단하게 휘핑한 생크림과 크렘 파티시에르를 섞어주세요.

과정

4. 귤은 껍질과 물기를 제거해 준비해주세요.
5. 200℃ 오븐에서 약 25분간 노릇하게 구워낸 쾨이타주 타르트지를 식힘망에 올려 완전히 식혀준 후.만드는 방법은 p24, 굽는 방법은 p30
6. 녹인 화이트초콜릿을 얇게 발라줍니다.
7. 완성한 디플로마트 크림을 짤주머니에 담아 타르트지 위에 가득 올려주고
8. 귤을 타르트지의 테두리에 맞춰 둘러가며 올려줍니다.
9. 조금씩 겹쳐가며 가운데까지 귤을 올려 채워주면 완성입니다.

타르트 데코레이션
TARTE DECORATION

화려한 분위기의
타르트 데코레이션

1   크림을 짤주머니에 가득 담아 타르트의 테두리부터 안쪽으로 둥글게 짜 올려주세요.

2   크림을 가운데부터 테두리의 중간까지 둥글게 짜 올려줍니다.

3   스페츌러로 테두리부터 밀착시키듯이 볼록한 돔 형태로 모양을 잡아주세요.

4   별모양 팁을 끼운 짤주머니에 크림을 담아 타르트의 테두리를 둘러가며 쉘을 짜듯이 크림을 짜줍니다.

5   테두리에 짠 크림의 끝에 밀착시키듯이 타르트의 가운데까지 크림을 짜주면 완성입니다.

은은한 멋이 있는
타르트 데코레이션
Noël
Blanc
l'atelier des desserts

1 크림을 짤주머니에 가득 담아 타르트의 테두리부터 안쪽으로 둥글게 짜 올려주세요.

2 크림을 가운데부터 테두리의 중간까지 둥글게 짜 올려줍니다.

3 스페츌러로 테두리부터 밀착시키듯이 볼록한 돔 형태로 모양 잡아주세요.

4 스페츌러를 살짝 기울여 잡고 타르트의 테두리부터 위쪽 방향으로 달팽이 모양을 그리듯이 크림을
깎아줍니다.

5 타르트의 가운데까지 크림을 깨끗하게 다듬어주면 완성입니다.

남은 타르트 반죽 활용하기

남은 타르트반죽을 모아 달콤한 쿠키를 만들어보세요. 쉬크레 반죽을 이용한 바삭한 쿠키와 푀이타주 반죽을 이용한 파사삭 부서지는 식감의 맛있는 과자를 소개합니다.

쉬크레 반죽을 이용한
과자 만들기

디아망
DIAMANT

다이아몬드라는 뜻을 가진 디아망diamant은 쿠키의 테두리에 묻은
설탕이 반짝반짝 빛이 난다고 해서 붙은 이름이에요. 예쁜 이름처럼
입에서 사르륵 녹는 달콤한 설탕과 바삭바삭한 식감이 매력적인 쿠키랍니다.

HOW TO MAKE

1   남은 쉬크레 반죽을 공기가 들어가지 않도록 힘 있게 뭉쳐 둥근 원통형으로 만든 후
    냉동실에 넣어 단단하게 굳혀주세요.

2   차가워진 반죽을 바닥에 힘 있게 밀어 매끈하게 모양을 잡아주세요.

3   반죽의 표면에 붓으로 물을 얇게 발라주세요.

4   반죽을 설탕을 담은 바트 위에 굴려주세요.

5   1cm 두께로 썰어 170℃ 오븐에서 약 20분간 노릇하게 구워내면 완성입니다.

뤼네뜨
LUNETTE

'안경, 망원경'이라는 뜻을 가진 뤼네뜨lunette는 두 개의 구멍이
마치 안경 같은 모양을 갖고 있다고 해서
이름 붙은 재미있는 쿠키예요. 새콤달콤한 산딸기잼을 함께 샌드해서
바삭하고 맛있는 뤼네뜨를 만들어보세요.

HOW TO MAKE

1 차갑게 휴지한 쉬크레 반죽을 3mm 두께로 밀어 준비해주세요.

2 6cm 쿠키틀로 반죽을 찍어내 준비해줍니다.

3 쿠키틀로 찍어낸 반죽의 절반에 1.5cm 팁으로 두 개의 구멍을 내주고 170℃ 오븐에서 약 20분간
　노릇하게 구워주세요.

4 구멍을 내지 않은 반죽의 한쪽 표면에 산딸기잼을 얇게 발라 팁으로 구멍을 낸 반죽을 덮어 샌드해주세요.

5 샌드한 쿠키의 윗면에 슈가파우더를 뿌리고 산딸기잼을 짤주머니에 담아 구멍에 짜 넣어주면 완성입니다.

롤
ROULEAU

두 가지 반죽이 두루마리 모양으로 말려 있는 롤rouleau은
한 번에 두 가지의 맛을 느낄 수 있는 재미있는 쿠키랍니다.
좋아하는 천연가루를 반죽에 넣어 얼마든지 응용할 수 있어요.
달콤한 반죽으로 맛있는 쿠키를 만들어보세요.

HOW TO MAKE

1   쉬크레 반죽과 초코 쉬크레 반죽을 각각 3mm 두께로 밀어 준비해주세요.

2   쉬크레 반죽 위에 우유를 얇게 바르고

3   초코 쉬크레 반죽을 올려 두 반죽을 붙여주세요.

4   반죽의 테두리를 깨끗하게 잘라

5   끝부분부터 조금씩 둥글게 말아주세요.

6   냉동고에서 단단하게 굳힌 후 1cm 두께로 잘라 170℃ 오븐에서 약 20분간 노릇하게 구워주세요.

푀이타주 반죽을
이용한 과자 만들기

사크리스탱
SACRISTAIN

겹겹이 부서지는 푀이타주 반죽에 고소한 견과류와
달콤한 설탕이 더해져 맛있는 파이 과자가 만들어졌어요.
파삭파삭한 식감의 고소한 사크리스탱은 자꾸만 집어먹게 되는
중독성 있는 과자랍니다.

HOW TO MAKE

1 푀이타주 반죽을 3mm 두께로 밀어 준비해주세요.

2 계피가루를 섞은 설탕과 다진 견과류, 우박설탕을 반죽 위에 뿌리고

3 견과류와 설탕이 반죽에 밀착될 수 있도록 밀대로 가볍게 누르듯이 밀어주세요.

4 1.5cm 폭으로 반죽을 잘라주세요.

5 실팻에 물을 얇게 바르고

6 잘라 준비한 반죽을 꼬아 양끝을 눌러 실팻에 고정시킨 후 200℃ 오븐에서 약 20분간 노릇하게 구워주세요.

팔미에
PALMIER

사랑스러운 하트 모양의 파이 과자 팔미에palmier.
귀여운 모양에 파삭한 식감 그리고 설탕의 달콤함까지 더해진
사랑스러운 파이 과자랍니다.

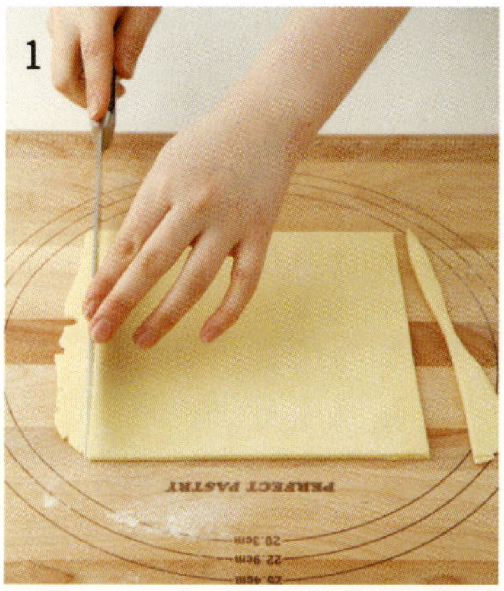
1

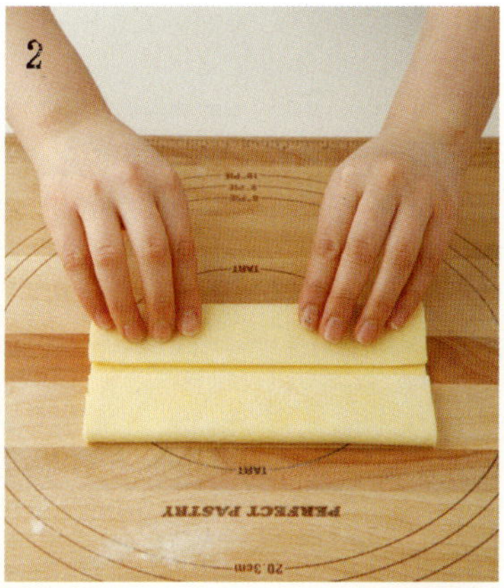
2

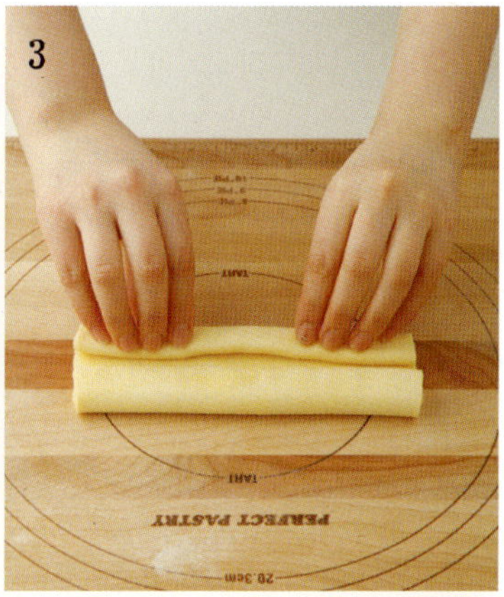
3

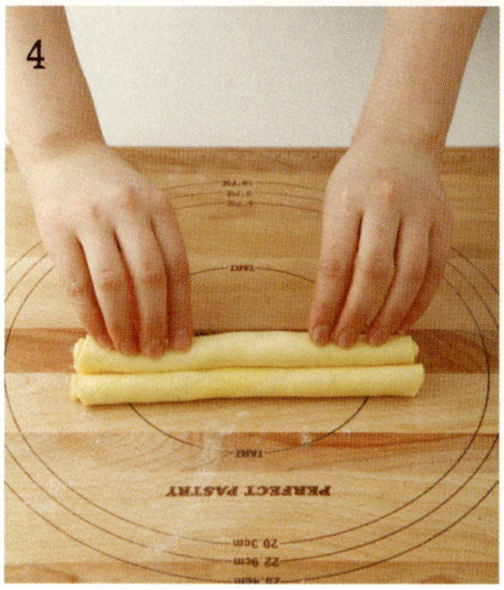
4

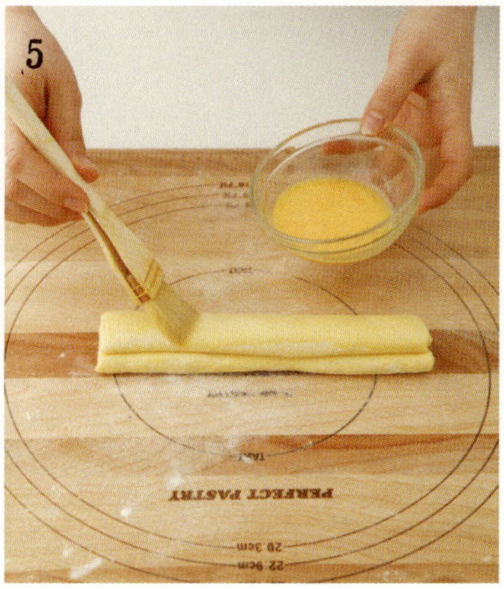
5

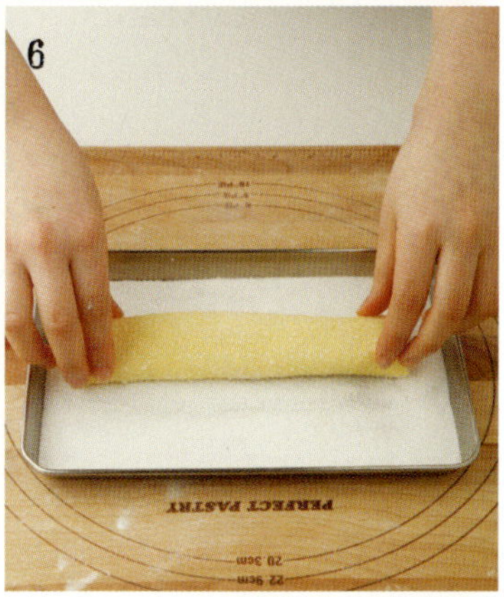
6

6

HOW TO MAKE

1 3mm 두께로 밀어둔 퓌이타주 반죽의 테두리를 잘라 사각형으로 만들어주세요.
2 반죽 위에 달걀물을 바르고 가운데를 기준으로 양옆을 절반씩 접어주세요.
3 접혀진 반죽 위에 다시 달걀물을 발라 양옆을 절반씩 접어주고
4 반죽을 반으로 접어 달걀물로 접착시켜주세요.
5 냉동고에서 단단히 휴지한 반죽의 표면에 달걀물을 고르게 펴 바르고
6 설탕을 담은 밧트 위에 설탕이 골고루 묻도록 굴려
7 1cm 두께로 잘라 200℃ 오븐에서 약 20분간 노릇하게 구워내면 완성입니다.

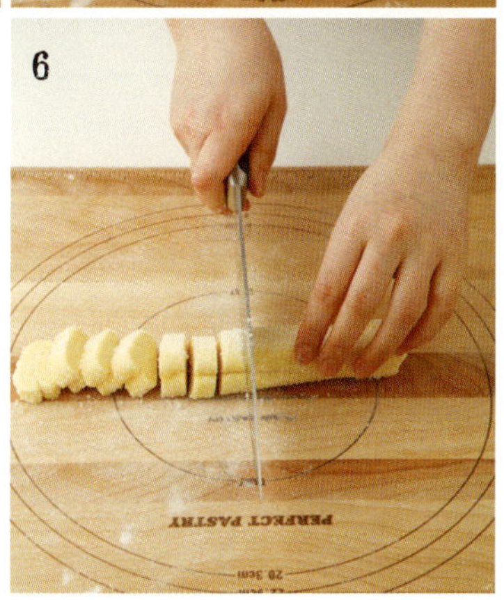

사과쇼송

CHAUSSONS AUX POMMES

아삭한 사과 조림이 가득 들어간 사과쇼송.
한 입 베어 물면 달콤하고 파삭한 이 사과파이 과자의 매력에 푹 빠지게 될 거에요.

1 큐브 모양으로 작게 썰어 준비한 사과와 버터, 설탕, 바닐라빈의 씨를 냄비에 넣고 사과가 뭉근해지도록 익혀주세요.

2 완성된 사과 조림은 완전히 식혀서 준비해줍니다.

3 5mm 두께로 밀어 준비한 퍼이타주 반죽을 8cm 둥근 쿠키틀로 찍어주세요.

4 쿠키틀로 찍어낸 반죽의 중간을 밀대로 밀어 타원형으로 만들고

5 반죽의 윗면에 달걀물을 바르고

6 사과 조림을 듬뿍 올려주세요.

7 반죽을 반으로 접어 사과 조림이 담긴 반죽의 안쪽부분을 눌러 붙여줍니다.

8 반죽의 윗면에 달걀물을 바르고

9 칼등으로 반죽의 테두리와 윗면에 무늬를 내어준 후 200℃ 오븐에서 약 20분간 노릇하게 구워내면 완성입니다.

타르트 만들기의 모든 것

계절을 즐기는 타르트

초판 1쇄 발행 2014년 8월 5일
초판 5쇄 발행 2018년 1월 5일

지은이 구성희
펴낸이 이지은
펴낸곳 팜파스
기획 · 진행 이진아
편집 정은아
디자인 ㈜ALL design group
마케팅 정우룡
인쇄 (주)미광원색사

출판등록 2002년 12월 30일 제10-2536호
주소 서울시 마포구 어울마당로5길 18 팜파스빌딩 2층
대표전화 02-335-3681
팩스 02-335-3743
홈페이지 www.pampasbook.com | blog.naver.com/pampasbook
이메일 pampas@pampasbook.com | pampasbook@naver.com

값 16,000원
ISBN 978-89-98537-57-9 13590

ⓒ 2014, 구성희

※이 책의 일부 내용을 인용하거나 발췌하려면 반드시 저작권자의 동의를 얻어야 합니다.
※잘못된 책은 바꿔 드립니다.

이 도서의 국립중앙도서관 출판시도서목록(CIP)은 서지정보유통지원시스템 홈페이지
(http://seoji.nl.go.kr)와 국가자료공동목록시스템(http://www.nl.go.kr/kolisnet)에서
이용하실 수 있습니다.(CIP제어번호: CIPCIP2014020310)」

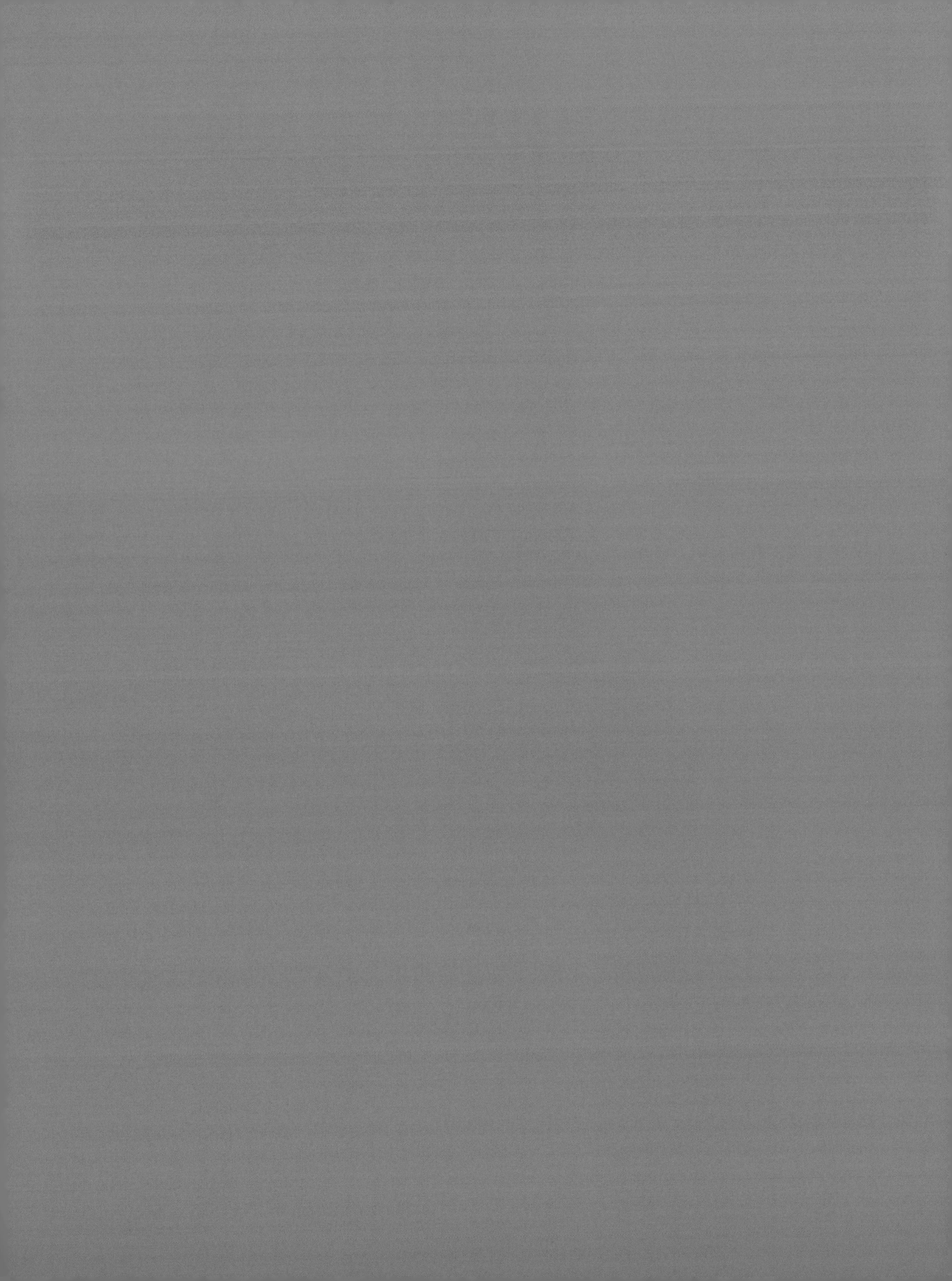